"Você tem sede de quê?"

Teatro de temática científica para o ensino de Química sob a perspectiva da Educação em Direitos Humanos

Conselho Editorial da Editora Livraria da Física

Amílcar Pinto Martins – Universidade Aberta de Portugal

Arthur Belford Powell – Rutgers University, Newark, USA

Carlos Aldemir Farias da Silva – Universidade Federal do Pará

Emmánuel Lizcano Fernandes – UNED, Madri

Iran Abreu Mendes – Universidade Federal do Pará

José D'Assunção Barros – Universidade Federal Rural do Rio de Janeiro

Luis Radford – Universidade Laurentienne, Canadá

Manoel de Campos Almeida – Pontifícia Universidade Católica do Paraná

Maria Aparecida Viggiani Bicudo – Universidade Estadual Paulista – UNESP/Rio Claro

Maria da Conceição Xavier de Almeida – Universidade Federal do Rio Grande do Norte

Maria do Socorro de Sousa – Universidade Federal do Ceará

Maria Luisa Oliveras – Universidade de Granada, Espanha

Maria Marly de Oliveira – Universidade Federal Rural de Pernambuco

Raquel Gonçalves-Maia – Universidade de Lisboa

Teresa Vergani – Universidade Aberta de Portugal

Vanessa Silva de Oliveira
Maura Ventura Chinelli

"Você tem sede de quê?"

Teatro de temática científica para o
ensino de Química sob a perspectiva
da Educação em Direitos Humanos

LF
EDITORIAL

2022

Copyright © 2022 Vanessa Silva de Oliveira
1ª Edição

Direção editorial: José Roberto Marinho

Capa: Fabrício Ribeiro
Projeto gráfico e diagramação: Fabrício Ribeiro

Edição revisada segundo o Novo Acordo Ortográfico da Língua Portuguesa

Dados Internacionais de Catalogação na publicação (CIP)
(Câmara Brasileira do Livro, SP, Brasil)

Oliveira, Vanessa Silva de
"Você tem sede de quê?": teatro de temática científica para o ensino de química sob a perspectivada educação em direitos humanos / Vanessa Silva de Oliveira, Maura Ventura Chinelli.
– São Paulo: Livraria da Física, 2022.

ISBN 978-65-5563-262-0

1. Educação em direitos humanos 2. Ensino - Metodologia 3. Prática de ensino 4. Química - Ensino 5. Teatro na educação I. Chinelli, Maura Ventura. II. Título.

22-128079   CDD-540.7

Índices para catálogo sistemático:
1. Química : Ensino 540.7

Cibele Maria Dias - Bibliotecária - CRB-8/9427

Todos os direitos reservados. Nenhuma parte desta obra poderá ser reproduzida sejam quais forem os meios empregados sem a permissão da Editora.
Aos infratores aplicam-se as sanções previstas nos artigos 102, 104, 106 e 107 da Lei Nº 9.610, de 19 de fevereiro de 1998

Editora Livraria da Física
www.livrariadafisica.com.br

Apresentação

Prezado leitor, prezada leitora,

Primeiramente queremos agradecer por seu interesse em conhecer um teatro de temática científica que foi desenvolvido em sala de aula, resultado de um projeto educativo que levou ao uso do teatro como metodologia pedagógica para a construção de conhecimentos químicos e humanísticos ao estreitar conexões entre Ciência e Arte.

Esperamos que este livro e suas sugestões sejam enriquecedores para você que o lê, sobretudo para os professores que identificarem nele potência para contribuir com a sua prática docente. Ele é o produto educacional exigido como parte dos requisitos de avaliação para a conclusão do curso de Mestrado do Programa de Pós-Graduação em Ensino de Ciências da Natureza na Universidade Federal Fluminense (PPECN-UFF). O projeto de pesquisa que lhe deu origem se realizou a partir de uma intervenção educacional em escola da rede pública do Estado do Rio de Janeiro, percurso pedagógico que se desenvolveu com a participação ativa dos educandos a fim de proporcionar a eles o exercício de seu papel como cidadãos nos eixos social, político e científico.

Nossas reflexões em torno dessa experiência nos levaram a concluir que a vivência do teatro de temática científica como ferramenta didática oferece aos educandos e ao público que o assiste estímulos para a reflexão acerca dos temas abordados e o vislumbre de novos horizontes para suas vidas, o que nos motivou a disponibilizar a outros professores e a divulgadores de ciência tanto o relato do processo experenciado quanto o esquete que foi escrito e encenado a partir dele.

Desse modo, o *"'Você tem sede de quê?': Teatro de temática científica para o ensino de Química sob a perspectiva da Educação em Direitos Humanos"*, se apresenta como uma coletânea das observações, práticas e sugestões construídas ao longo do projeto desenvolvido. E é também a descrição de uma peça teatral que alcançou boa comunicação com o público, se mostrando bem-sucedida enquanto proposta que visou envolver o teatro, o ensino e a popularização de conhecimentos químicos a fim da formação de uma cultura que tem por princípio a garantia de direitos básicos a todas as pessoas.

Com os objetivos de contribuir para a introdução de inovações na educação em Química e de disponibilizar um material educativo que possa ser usado também em espaços de educação não formal, o livro está dividido em quatro partes: o Capítulo 1, que aborda uma proposta de oficina temática com o tema 'Água', fundamentada na pedagogia de projetos; o Capítulo 2, que relata a experiência da construção de um esquete teatral em que se debate ciência sob a ótica dos direitos humanos; o Capítulo 3, que que traz o roteiro desse esquete teatral, criado por estudantes em colaboração com a professora; e as Considerações Finais, em que serão compartilhados sentimentos e percepções que têm como referência a experiência da professora pesquisadora, os desafios e as alegrias de se vivenciar o teatro de temática científica como estratégia de ensino e de popularização da ciência.

Esperamos que essa leitura seja inspiradora para todos que se propõem a uma educação científica humanizada, orientada para a criação de uma cultura de direitos humanos. E desejamos sucesso!

Professora MSc. Vanessa Silva de Oliveira
Professora Dra. Maura Ventura Chinelli

Sumário

Capítulo 1 – Oficina temática: Caminhos da água, do sertão à cidade.. 11

Capítulo 2 – A experiência da construção de um esquete teatral sob a perspectiva da Educação em Direitos Humanos ... 25

Capítulo 3 – "Você tem sede de que?", esquete teatral com temática científica 33

Considerações finais.. 59

Referências bibliográficas... 63

CAPÍTULO 1

Oficina temática: Caminhos da água, do sertão à cidade

Iniciamos esse texto apresentando a professores e a outras pessoas interessadas na popularização da ciência e na Educação em Direitos Humanos o percurso metodológico da intervenção pedagógica que deu origem ao esquete teatral intitulado '*Você tem sede de quê?*', que será descrito nos Capítulos 2 e 3.

A proposta está fundamentada nos *projetos de trabalho*, também chamados *projetos de aprendizagem,* conforme foram discutidos por Hernandez e Ventura (1998). Esses autores conceituam projetos de trabalho como a proposta educativa que se faz com a incorporação de indagações sobre problemas reais à sala de aula, o que leva à procura por respostas e soluções que, uma vez encontradas, serão compartilhadas com o propósito de contribuir para a transformação da realidade escolar e social. É um processo que busca extrapolar a mera reprodução dos conteúdos curriculares e entende a educação escolar como o uso de didáticas que resultam em conhecimentos que ultrapassam a aquisição do já conhecido, ou seja, de didáticas construtivas e criativas que ajudem a superar a concepção de aprendizagem tradicional, identificada como a capacidade de repetir a forma como o mundo costuma ser representado.

Hernandez e Ventura (1998) sugerem aos professores que se empenhem em produzir "um lugar" de aprendizagem em que as estratégias para a construção de conhecimentos escolares atendam a três princípios fundamentais: i) se aproximem da identidade dos alunos e favoreçam a construção de subjetividades; ii) se desobriguem da organização do currículo por disciplinas, superando a tradicional fragmentação em diferentes campos do conhecimento e; iii) levem em conta o que acontece fora da escola, para que a aprendizagem se dê também através de diálogos críticos entre conhecimentos específicos e situações sociais.

Atentas ao que dizem esses autores foi possível reconhecer que os *projetos de trabalho* têm potencial para envolver o cenário histórico-social, a comunidade escolar e os conhecimentos científicos visando o empoderamento dos educandos, tornando-os sujeitos de direito.

De modo que, com esse objetivo, organizou-se um plano de trabalho na forma de uma oficina temática dividida em seis momentos pedagógicos, que estão sintetizados no Quadro 1. "Água" foi o tema escolhido, usando-se como ponto de partida as dificuldades de acesso, com a qualidade necessária, a esse recurso natural indispensável à vida.

Quadro1 – Planejamento da oficina temática:
"Caminhos da água, do sertão à cidade"

Etapa do Projeto	Proposta Didática	Número de Aulas[1]
Momento 1	Sensibilização	2
Momento 2	Plano de trabalho para a formação de conhecimentos sobre a problemática da água no semiárido brasileiro e uso dos conhecimentos químicos, de forma a auxiliar na busca por respostas às indagações dos estudantes	4
Momento 3	Discussão dos resultados iniciais, reflexão coletiva e levantamento de novas questões	2
Momento 4	Plano de trabalho para a pesquisa e a ação em relação à água como direito humano fundamental e a propriedades químicas da água	4
Momento 5	Discussão dos resultados e reflexão coletiva com a realização de debate e tomada de decisão, com a colaboração da professora pesquisadora no tocante a conhecimentos químicos pertinentes	2
Momento 6	Elaboração do esquete teatral	2
	Decisão sobre conhecimentos químicos a serem discutidos no esquete	2
	Apresentação pública do projeto e reflexões coletivas	2
Total de Aulas		20

Fonte: As autoras, 2021

Cada um desses momentos será detalhado a seguir. Optou-se por apresentá-los acompanhados por observações sugestivas para professores interessados em desenvolver um

---

1 Considera-se uma aula o período compreendido na carga horária de 50 minutos.

projeto de trabalho que use o tema "Água" como contexto para a abordagem de conceitos científicos e para a reflexão social de acordo com os princípios da Educação em Direitos Humanos.

Como se trata de um processo de construção de conhecimentos com a participação ativa dos educandos, desde já afirmamos a importância de um olhar atento do(da) docente durante as diversas fases do percurso, observando cada processo de intervenção e as subjetividades geradas. A sala de aula como reflexo da sociedade é plural, está em constante trânsito e sujeita à transformação de ideias.

1.1. Momento 1: Sensibilização

O convite para a participação dos estudantes no projeto se iniciou a partir da análise e interpretação de uma situação envolvendo a temática "Água", a qual possivelmente estaria presente na história de vida de muitas famílias da comunidade atendida pela escola, localizada na periferia do município de Duque de Caxias, região metropolitana Rio de Janeiro. Para a realidade do município, uma vez que várias famílias são migrantes de regiões do Nordeste acometidas pela seca, sugerimos a discussão sobre as dificuldades de acesso à água no sertão, tanto para consumo doméstico quanto para a movimentação da economia, em que a agricultura familiar se faz muito presente.

Agindo assim conquistamos o interesse dos estudantes, de modo que indicamos aos professores que pretendam desenvolver projetos semelhantes, que também iniciem com o estímulo à reflexão e **à** crítica coletivas, através de debates orientados sobre os principais problemas ocasionados pelos longos períodos de estiagem e sobre o impacto desse fenômeno climático sobre a qualidade de vida das populações atingidas.

1.2. Momento 2: Plano de trabalho para a formação de conhecimentos sobre a problemática da água no semiárido brasileiro e para a aprendizagem de conceitos químicos relativos ao tema

Após o primeiro momento de debate, os educandos foram convidados a planejar um processo de pesquisa com vistas a elucidar aspectos ainda não conhecidos sobre a situação usada como sensibilização, inclusive no que diz respeito a conhecimentos sobre a água enquanto substância química. Esses conhecimentos permitiriam interpretar as razões pelas quais a água ocorre de modo desigual no espaço geográfico e se pode ou não ser interpretada como um recurso natural renovável, por exemplo.

Como parte do planejamento coletivo da pesquisa, alguns aspectos foram sistematizados em cooperação entre a docente e os educandos, sendo anotados por escrito no quadro da sala de aula. Sugerimos esse procedimento aos que se inspiram nesse trabalho, para que as diferentes fases do processo, elencadas a seguir, sejam lembradas como etapas necessárias à construção dos saberes escolares que digam respeito aos objetivos da oficina temática:

a) A delimitação do problema, que, no caso, é o acesso **à água** e seus usos, no sertão e nas cidades;

b) A pergunta de partida, que pode ser subdividida em algumas perguntas simples, como: "o acesso é fácil?"; "o que as pessoas fazem para ter água?"; "a água disponível tem boa qualidade?"; "que características da água fazem dela uma substância essencial à vida?"; "por que é preciso que nos preocupemos em cuidar da manutenção da qualidade da água, mesmo em seu estado natural?";

c) A elaboração de hipóteses, ou seja, as suposições da vida prática, do senso comum ou de conhecimentos anteriores que possam ser usadas como pontos de partida para a construção de conhecimentos novos sobre o tema, correspondendo àquilo que os estudantes *já sabem*;

d) Os pontos obscuros, isto é, aquilo que seria preciso esclarecer, pesquisar, a fim de responder às perguntas de partida e a confirmar ou rejeitar as hipóteses construídas. Nessa etapa se aponta aquilo que **é necessário** *aprender*;

e) A metodologia a ser usada na pesquisa, ou seja, os procedimentos que irão levar às respostas, definidos em coletivo. Como exemplos, podem ser citados: consulta a livros ou à internet; realização de entrevistas; contribuição direta do/da professor/professora em aulas teóricas e práticas sobre as propriedades físicas e químicas da água (densidade, calor específico, água como solvente, "tipos" de água encontrados na natureza – salgada, salobra, dura –, condições de vida para organismos vivos que a têm como ambiente natural etc.);

f) A forma como serão registrados os resultados obtidos (que serão os conhecimentos construídos), com a finalidade de organizá-los de maneira coerente e compreensível para os próprios alunos e também para que sejam socializados através de expedientes tipicamente escolares. Dentre as diversas formas de compartilhamento de conhecimento sugerimos a elaboração de músicas, vídeos, uso das redes sociais como forma de divulgação científica, elaboração de uma revista e o teatro. Considerando a turma em que a oficina foi aplicada, o teatro foi o mais acolhido dentre as opções levantadas pelos estudantes durante a aula, no que se entende haver vantagens sobre os registros mais tradicionais, pois expressa também a criatividade e a sensibilidade;

g) A definição de prazo para a conclusão do estudo e para a apresentação dos resultados.

Considerando a fase de construção de conhecimentos (item "e", indicado anteriormente) a proposta pode ser adequada usando como referências os diversos currículos escolares e conteúdos previstos para o Ensino Médio, uma vez que muitos conhecimentos químicos admitem o tema "Água" e seus desdobramentos sociais, políticos, econômicos e científicos como aporte para uma sala de aula ativa que dialoga com a realidade local dos estudantes. A Figura 1 sugere alguns conteúdos curriculares que podem ser abordados a partir do tema:

Figura 1: Possibilidades de conteúdos de Química considerando o tema "Água".

Fonte: As autoras, 2021

1.3. Momento 3: Discussão dos resultados iniciais, reflexão coletiva e levantamento de novas questões

Nesta etapa, os problemas apontados e esquematizados no Momento 2 quanto às condições de vida das populações afetadas pela seca foram retomados e, sobre eles, sugerimos uma reflexão mais humanizada, problematizadora das questões sociais. É o momento em que o professor tem a possibilidade de estimular perguntas como: "por que isso acontece a essas pessoas?"; "acontece a alguém mais?"; "que tipos de problemas são comuns nas comunidades, casas ou famílias que não têm água potável disponível?".

Este percurso ajudou os educandos no reconhecimento de que os problemas vividos em outros espaços geográficos também podem ser encontrados nas cercanias de suas casas e da comunidade escolar. Muitos estudantes que habitam a região metropolitana de grandes cidades sofrem com problemas semelhantes aos vividos no sertão para a obtenção de água potável, de modo que, embora não tenhamos as condições climáticas do semiárido brasileiro nestas localidades, os alunos podem ter a oportunidade de discutir o viés político compreendido nesta questão, especialmente entendido como um profundo desrespeito aos direitos humanos básicos.

1.4. Momento 4: Plano de trabalho para a pesquisa e a ação em relação à água como direito humano fundamental

Em novo processo de pesquisa, semelhante ao anterior quanto aos procedimentos que o organizaram (formulação de perguntas de partida, identificação de hipóteses e planejamento da investigação), procurou-se atender aos seguintes objetivos: levar os estudantes a reconhecerem a situação discriminatória em que vivem, expressa inequivocamente pela ausência de políticas públicas para o acesso de suas famílias à água nas mesmas condições em que é distribuída a outros grupos populacionais e socioeconômicos; superar dificuldades cotidianas com o conhecimento de tecnologias sociais de captação e de tratamento de água; e formar identidades como sujeitos coletivos de direito.

A fim de que sejam atingidos esses objetivos, voltados para a autorreflexão acerca da realidade, são sugeridos os passos descritos a seguir:

a) A delimitação do problema, agora o direito humano fundamental à água.

b) A formulação das perguntas de partida, recurso que irá orientar a pesquisa dos estudantes, as quais podem ser, entre outras: "existe alguma lei que trate do direito à água de boa qualidade para todas as pessoas?"; "há algo que as pessoas possam fazer para terem acesso à água de boa qualidade?"

c) A elaboração de uma lista com os aspectos importantes que é necessário aprender/vir a saber/buscar no que diz respeito a soluções científicas e técnicas existentes para se obter água potável em locais onde ela não é fornecida pelo poder público;

d) A identificação de procedimentos que possam ser usados a fim da construção de conhecimentos e da deliberação quanto a atitudes que tragam perspectivas concretas de solução para os problemas vividos quando não se é atendido pela rede de distribuição de água dos municípios.

Nesta etapa se mostrou necessário que a professora trouxesse contribuições, por meio de aulas, acerca de modos já testados de superar as dificuldades de acesso à água tratada, usando como recursos didáticos vídeos sobre o procedimento industrial para o beneficiamento da água de distribuição e sobre tecnologias sociais para o tratamento de água da chuva e de poços artesianos. Nem sempre os alunos conseguem buscar essas informações de modo independente, então é comum que os professores intervenham e deem suporte a essa demanda que entendemos ser de extrema importância, sobretudo se o processo for acompanhado pela realização de debates para a tomada de decisões, como será descrito em seguida.

1.5. Momento 5 – Discussão dos resultados e reflexão coletiva com a realização de debate e tomada de decisão

Os debates, naturalmente, são fundamentados pelos conhecimentos formados pelos educandos e podem ser organizados com a distribuição de tarefas e papéis entre eles. É um momento muito apropriado para que, como diz Candau (2007), formem-se aprendizagens *em* direitos humanos, dentre as quais se pode destacar: aprender a ouvir e a respeitar as falas dos demais participantes, aprender a refletir e a posicionar-se sobre questões específicas, aprender a argumentar, aprender a contribuir para a formulação de decisões éticas, aprender a organizar-se coletivamente em prol de uma causa comum.

É ainda oportunidade para que os estudantes discutam a questão social envolvida no tema *"Água"*, usando como plano de fundo a realidade de cada um como morador de uma determinada região. Para tanto, sugerimos fazer um paralelo e algumas relações de complementaridade entre o que foi aprendido ao longo da discussão sobre a situação da água no sertão com as reflexões sobre sua própria realidade, de moradores da cidade. Aos professores que pretendem empreender projeto semelhante, sugerimos utilizar como recursos didáticos vídeos ilustrando a situação de vida das pessoas em situação de vulnerabilidade social devido às dificuldades de acesso à água no semiárido nordestino, ou mesmo na região da comunidade escolar.

Sugerimos também o levantamento de questões reflexivas sobre como é disponibilizada a água para a residência dos alunos, como são o abastecimento e a qualidade da água, o saneamento básico, entre outras, orientadas por questionamentos tais como: "será que as questões sociais vividas pelas comunidades do sertão em vista das dificuldades de abastecimento de água são tão diferentes e distantes do meu cotidiano?"; e, sobretudo, "que medidas, enquanto cidadãos que conhecemos nossas necessidades com relação ao acesso à água potável, podemos tomar para que possamos superar as dificuldades que nos fazem vulneráveis, sujeitos a doenças, infestações e outras situações degradantes, e, mais que isso, para que sejamos respeitados em nossos direitos?"

Ao fim desse processo, com base em todos os relatos e questões discutidas em sala, os alunos serão convidados a escolher uma forma de ilustrar as suas impressões, emoções e elos pessoais construídos ao longo do percurso.

1.6. Momento 6: Elaboração do esquete teatral e apresentação pública do projeto, com reflexões coletivas

Após as etapas de conhecimento científico e técnico sobre a água, de crítica à realidade vivida e de conscientização sobre direitos para deliberarem quanto a **ações a serem empreendidas** para a solução de problemas, os estudantes usaram como estratégia para a divulgação de suas aprendizagens e reflexões, por sua escolha, a elaboração de um roteiro e a encenação de um teatro de temática científica. Essa escolha é importante, porque compromete os estudantes com o projeto, de modo que outras possibilidades haviam sido apresentadas a eles, como a confecção de cartazes, a instalação de um estande e a produção de um vídeo. O teatro, uma vez escolhido, foi roteirizado e encenado para um público da própria comunidade escolar, visando transformar os educandos em multiplicadores dos conhecimentos científicos, sociais e políticos discutidos no roteiro criado.

Compartilharemos no próximo capítulo as referências teóricas e o percurso seguido na elaboração desse esquete teatral que, tendo como argumento a problemática da água própria para o consumo, envolve conhecimentos químicos e discussão sobre direitos humanos.

CAPÍTULO 2

A experiência da construção de um esquete teatral sob a perspectiva da Educação em Direitos Humanos

O teatro de temática científica, termo assumido a partir de Moreira e Marandino (2015), apesar de ser um fenômeno recente tem sido cada vez mais utilizado na prática dos professores de Educação Básica e Superior e na popularização da Ciência. Uma das razões para isso parece ser a consciência de que a alfabetização científica, processo de iniciação nos conhecimentos acerca da ciência, aqui referida como as ciências da natureza, se beneficia ao ser abordada em conjunto com questões humanas, o que se pode observar no movimento, já muito consolidado, de se buscarem as relações entre ciência, tecnologia e sociedade na educação formal em ciências.

Com esse objetivo humanizador, o uso do teatro com fins educativos se mostra muito interessante, visto que no teatro, como dizem Montenegro et al. (2005, p. 31), é possível explorar "as relações entre as ciências e as artes para que essas duas culturas possam conferir, uma à outra, conteúdos, metodologias e linguagens que convirjam na construção de um processo pedagógico mais amplo".

Essa perspectiva nos levou a adotar nesse texto não mais a expressão *alfabetização científica*, usada em algumas das fontes consultadas, mas *letramento científico*, uma vez que nela está implícita a convicção de que é preciso superar o ensino tradicional transmissivo e mecanicista para assumir como princípio pedagógico que a educação em ciência deve ter o objetivo de formar a capacidade de compreender, interpretar e formular ideias científicas em uma variedade de contextos sociais, inclusive os cotidianos. Nas palavras de Santos (2007),

> na tradição escolar a alfabetização científica tem sido considerada na acepção do domínio da linguagem científica, enquanto [...] ao empregar o termo letramento, busca-se enfatizar a função social da educação científica, contrapondo-se ao restrito significado de alfabetização escolar (p. 479).

Essa concepção vem ao encontro do objetivo do trabalho realizado, que foi o de articular o ensino de Química à Educação em Direitos Humanos, usando as propriedades físicas e químicas da Água como suporte para a discussão de valores sociais.

Em coerência com esse objetivo, a opção pelo teatro como modo de sintetizar e divulgar as aprendizagens foi uma opção muito acertada, uma vez que "o teatro evidencia aspectos da ciência como elementos para uma reflexão existencial, levando o homem a questionamentos profundos a respeito do sentido da sua existência no mundo e da responsabilidade pelos seus feitos" (MOREIRA; MARANDINO, 2015, p. 513).

2.1. O Esquete teatral: processo de criação

O esquete teatral com temática científica intitulado *"Você tem sede de quê?"* foi elaborado utilizando como base os debates com os estudantes no correr da oficina temática. Durante todo o processo de construção foi valorizada a participação dos educandos, fosse na escolha dos personagens, nas decisões sobre o cenário ou na ambientação da história.

Este processo foi realizado em sala de aula de forma interativa e dialógica (FREIRE, 1974), garantindo aos educandos que tivessem a oportunidade de se expressar e de contribuir em toda a criação. A mediação da professora foi realizada buscando que os estudantes tivessem condições de se colocar em reflexão, em um caminho de descobertas e possibilidades de conquistas que a educação tradicional bancária não alcança.

Citando brevemente o contexto em relação à sala de aula, importa sinalizar que a turma era desunida e com problemas de interação entre os grupos, e que o convite para que todos trabalhassem juntos em prol do desenvolvimento do teatro ajudou na criação de elos afetivos entre eles. A dificuldade inicial foi especialmente superada durante a escolha dos personagens e a elaboração do roteiro, aspectos em que os estudantes demostraram grande entusiasmo. Eles mostraram ter compreendido o quão importante era a participação de cada um para o sucesso da apresentação e, consequentemente, para a sua acolhida pela comunidade escolar. Após a dedicação coletiva à escolha dos personagens e criação do roteiro, o exercício de protagonismo foi se tornando natural e a cooperação cada vez mais presente nas aulas de Química, o que se concretizou como uma postura que viria a trazer resultados de aprendizagem melhores.

Para a criação dos personagens, os educandos escolheram o nome, a vestimenta, o gênero, a relação com os outros personagens e optaram por não indicar características físicas, pois cada um seria vivido por algum estudante ainda não definido até então. Quanto ao processo de criação do roteiro, o espaço onde transcorre a narrativa foi o primeiro ponto a ser delimitado, pois refletiria toda a construção do aprendizado que resultou do projeto de trabalho desenvolvido na turma. Em seguida, a trama foi elaborada em colaboração entre a professora-pesquisadora e os estudantes, o que contou com a participação e a aprovação desses alunos sobre cada detalhe, até que se chegou ao resultado final.

2.2 Potencialidades pedagógica e educativa do teatro na educação científica

Nosso cenário cotidiano mostra que a Ciência e a tecnologia possibilitam grandes benefícios para a população, no entanto não podemos desconhecer o fato de que tais confortos não estão igualmente distribuídos todos, que o desenvolvimento científico e tecnológico tem sido acompanhado por disputas de ordem social que resultam em desigualdades de acesso a estas conquistas e em infrações aos Direitos Humanos (CANDAU; RUSSO, 2010). Dissociar a sala de aula da problematização do eixo ciência-sociedade seria, portanto, uma perda significativa no esforço por uma educação para a cidadania plena, da qual o letramento científico é parte relevante. É de fundamental importância discutir o ensino de Ciências inserido nos contextos social, histórico, político, econômico e cultural.

Como apontam Moreira e Marandino (2015), uma pessoa cientificamente letrada possui conhecimentos sobre conceitos científicos básicos, mas deve também possuir conhecimentos sobre a ética científica e a natureza social da Ciência, saber diferenciar ciência de tecnologia e entender as relações entre as ciências e as humanidades. Muitos esforços têm sido feitos nesse sentido, na educação formal, mas ela não é suficiente para alcançar toda a demanda por conhecimento. Não só por ser o tempo de permanência de cada pessoa nas instituições escolares um tempo limitado, mas também porque há avanços científicos, inovações tecnológicas e fenômenos sociais novos que muitas vezes demandam debates que solicitam o aporte de conhecimentos das mais diversas áreas da Ciência e que exigiriam um tempo considerável para serem inseridos nos currículos. A educação não formal, que pressupõe educação por toda a vida, vem a ser um caminho alternativo e complementar à educação escolar, e se predispõe a alcançar um público amplo que inclui estudantes, mas, também, pessoas que não estão frequentando instituições educativas. No contexto da educação não formal, o teatro, por suas características de comunicabilidade e potencial empatia com o público, tem se mostrado um recurso importante para a educação em Ciências (CHINELLI et al, 2012, MOREIRA; MARANDINO, 2015).

Identificamos no processo criativo que resultou na elaboração do esquete teatral cujo tema relacionou questões científicas a questões sociais, e foi, por fim, levado a público, potencialidade para uma função educativa que ultrapassa a finalidade pedagógica que foi alcançada na sua elaboração. Ele mostra similaridade com os princípios que, de acordo com Gonçalves (2016), estão presentes nas *peças didáticas* de Bertolt Brecht, importante poeta e dramaturgo alemão conhecido mundialmente por ter dedicado sua obra à conscientização social e à politização. Diz a autora que as *peças didáticas*, como as denominou Brecht, atendem a três princípios que as tornam potencialmente recursos para *aprender ao fazer*, o que diz respeito à formação dos atores ao prepararem sua atuação, e *ensinar ao exibir*, o que se relaciona à recepção, pelo público, da peça encenada.

Esses princípios, elencamos na forma como os reconhecemos no projeto desenvolvido:

i. O texto, enquanto modelo de ação, roteiro que organiza as situações que ocorrerão em cena, ao mesmo tempo em que exige a reflexão dos atores (no caso, autores/atores) tem por objetivo o envolvimento do público, oportunizando que percebam e reflitam acerca dos fenômenos científicos e sociais que são encenados;

ii. A organização da escrita, ao permitir inserções de elementos textuais e expressivos pelos atores/participantes, está também relacionada aos fins sociais atribuídos ao teatro e "à relação teatro e pedagogia, diversão e ensino" (GONÇALVES, 2016, p. 14);

iii. A postura dos atores na condução e apresentação do esquete teatral possibilita a eles reflexão acerca das ações humanas representadas, potencializando o uso dos recursos que permitem a ação em cena e melhor observação do enredo pela plateia.

A "Água" é uma das temáticas mais relevantes para o trabalho escolar, por ser uma necessidade inerente à vida humana. Mesmo sendo um direito humano fundamental, o acesso à água em boas condições de uso é notadamente desigual, provocando prejuízos na qualidade de vida de muitos grupos sociais. Utilizando esses cenários como pontos de partida, a proposta desse esquete teatral é fazer uma trajetória entre a situação nordestina e a realidade dos estudantes envolvidos, bem como da comunidade escolar, que, em geral ou recorrentemente, são penalizados por dificuldades de acesso à água tratada fornecida pelo poder público. Pretendeu-se, desse modo, dotá-los dos conhecimentos químicos e sócio-políticos necessários a promover reflexões coletivas como formas de empoderamento e afirmação das suas necessidades, sob a perspectiva dos direitos humanos.

No próximo capítulo traremos todo o detalhamento do esquete teatral escrito, descrevendo o enredo, cenários e personagens com sua respectiva caracterização, bem como apresentando integralmente o roteiro.

CAPÍTULO 3

"VOCÊ tem sede de que?" Esquete teatral com temática científica

3.1. O enredo:

A história conta a saga da típica família Silva numa viagem do sertão nordestino brasileiro até à cidade do Rio de Janeiro, após serem afetados pela falta de água. É uma história que pode se passar a qualquer tempo, mas que, por opção dos autores, foi tratada como se estivesse acontecendo no tempo presente.

Em um dos muitos cenários dessa jornada, a família se depara com um Cientista Repentista numa rodoviária e, então, curiosos, imergem num mundo de possibilidades químicas. O Cientista Repentista mostrará à família como a Química está presente no cotidiano através de situações vividas durante o percurso até o destino final.

A dramaturgia convida o público em geral à imersão nas reflexões de aspectos cotidianos em que a Química pode ser utilizada como ferramenta para a melhoria da qualidade de vida e para o empoderamento das populações como sujeitos de direitos.

3. 2. Os personagens:

A seguir está uma breve descrição de cada personagem participante do roteiro teatral e algumas características destacadas de cada um deles.

João → Um jovem senhor que gosta da vida tranquila do sertão e aprendeu desde cedo a driblar as adversidades da Caatinga. Tinha um arado onde plantava feijão, cuidava dos seus bichos e tirava o sustento de toda a família, mas, com a seca sem precedentes, se viu na necessidade de buscar novas formas de sobrevivência longe do seu amado pedaço de terra. No seu encontro com o Cientista Repentista, descobre que muito do que aprendeu com a vida é conhecimento relevante e se abre cheio de curiosidade às interessantes prosas com o Cientista Repentista. É marido da Maria e pai de Chico.

Maria → Uma mulher que cresceu nas cercanias de um rio onde tem memórias incríveis que compartilha com seu filho curioso. Se casou no início da idade adulta com João e, depois de algum tempo, iniciou o seu percurso como mãe de Chico.

Chico → É um adolescente astuto e com sede de conhecer mais sobre o mundo e a vida. Desde sua infância tem explorado a natureza ao seu redor e no encontro com o Cientista Repentista abre-se para o universo de novas possibilidades que a Ciência permite. É filho de Chico e Maria.

Cientista Repentista → É um cientista que resolveu ser um buscador do mundo e propagar seus conhecimentos químicos através do uso da arte do *repente*[2]. Sente que a vida é um grande laboratório e que as pessoas só precisam reconhecer as diversas oportunidades ao seu redor.

Duas senhoras → Senhoras que acompanham Maria e sua família no ônibus de viagem e que conversam durante o percurso.

Sr. Luiz → É um senhor aposentado. Ele acolhe João, Maria e Chico em sua casa no recomeço da vida no Rio de Janeiro.

No Quadro 2, a seguir, encontra-se uma breve sugestão para a caracterização dos personagens, considerando o processo de criação desenvolvido em sala de aula para o presente roteiro teatral.

---

2   O *repente* é uma arte poético-musical comum no Nordeste do Brasil, caracterizada pelo improviso, por sua composição no momento da apresentação, sem preparo anterior.

Quadro 2 – Indicação da caracterização dos personagens do esquete teatral com texto intitulado *Você tem sede de quê?*

CARACTERIZAÇÃO DOS PERSONAGENS:				
Nome	Gênero ou Identidade	Faixa Etária	Vestimenta	Outras informações
João	Masculino	35-40 anos	Usa uma calça com blusa quadriculada já desgastada pelo uso contínuo. Não desgruda do seu chapéu de palha e usa sua mochila com as memórias do Sertão.	É uma pessoa esperançosa e que acredita em dias melhores apesar da tristeza da mudança.
Maria	Feminino	35-40 anos	Adora usar um lenço na cabeça para aliviar os efeitos do sol e gosta de vestidos floridos e sandálias confortáveis.	Tem um olhar cansado. Adora cores e flores.
Chico	Masculino	10-15 anos	Usa uma bermuda com uma camiseta e o seu querido boné.	Curioso e empolgado com a vida.
Cientista Repentista	Masculino	30-35 anos	Super despojado, usa calça Jeans e blusa preta. Sempre usa tênis.	Bem-falante e otimista, sempre esboça um sorriso largo no rosto.
Duas Senhoras	Feminino	45-50 anos	Usam roupas confortáveis para a viagem de ônibus.	Não aplicável.
Sr. Luiz	Masculino	65-70 anos	Usa sempre uma camisa aberta quadriculada e chapéu de palha.	Nordestino com expressão séria e desconfiada.

Fonte: As autoras, 2021

3. 3. O cenário:

Na escola em que o projeto foi desenvolvido, o esquete foi encenado em uma sala de aula, como atividade aberta à comunidade durante a Feira Anual de Ciências. Os recursos cenográficos utilizados foram, em sua grande maioria, reaproveitados, tais como caixotes, folhas das árvores da escola, mesa do professor, cadeiras da sala de aula, uso de pinturas para representar o ambiente da cidade e TNT (tecido não tecido) para a confecção de uma cortina de palco. Ao longo do roteiro teatral, os cenários representados serão descritos e a sugestão é que sejam feitas as adequações necessárias quando for apresentado em outros espaços.

3. 4. O roteiro:

"Você tem sede de quê?"

Cenário 1: *No canto esquerdo, uma paisagem do sertão está em um painel ao fundo. No canto direito, o cenário contém um banco grande, uma mesinha com quatro cadeiras, um balcão e, ao fundo, um painel com um guichê pintado. Como música de fundo* é sugerida *"Aquarela nordestina", de Maria das Neves Cavalcante e Rosil Cavalcanti*[3].

(A peça inicia com a família Silva entrando no palco pelo lado esquerdo, caminhando em direção à direita, onde está ambientada a rodoviária da cidade. Eles andam lentamente, mostrando uma certa

---

3   CAVALCANTE, Maria Das Neves Coura; CAVALCANTI, Rosil. *Aquarela Nordestina*, 1989 [on-line]. Disponível em https://www.letras.mus.br/luiz-gonzaga/664050/.

tristeza e apreensão, pois precisaram abandonar sua propriedade rural, castigada devido a um forte período de seca)

João: Não sei o que a vida nos reserva, mas sei que sentirei muitas saudades da minha terra... Se a água voltar a brotar por essas bandas, eu hei de construir meu arado novamente e viver com a beleza dessa gente.

Maria: João, confia que o melhor está por vir. Eu só queria que alguém visse nosso povo e começasse a cuidar da nossa gente, a gente vê no jornal todo dia novas tecnologias surgindo nesse mundão e cadê que alguém olha por nós? Tenho sede não só de água, mas também de ser gente como tantos outros por aí.

Chico: Estou triste em deixar meus amigos, mas curioso pelo que vem por aí... Mainha, você lembra que o Doutor Prefeito disse que ia trazer água para melhorar a nossa vida? O que aconteceu?

(Neste momento, os pais de Chico, sem muitas respostas, decidem se calar diante a tantos pensamentos e continuar a caminhada até a rodoviária. Pelo lado direito do placo entra um repentista, que se dirige ao público. A família Silva observa.)

Cientista Repentista: Minhas senhoras e meus senhores desse lindo sertão!/ Estamos aqui reunidos para apresentar um pouquinho desse mundão/ Cada dia que passa, vemos mais ao nosso redor/ Que tal aprender um pouquinho mais hoje e não me deixar só?/ Entre tanta poesia que esse mundo há de ter/ Quero lembrar que você é importante para valer!/

Como cidadão e pessoa, você é cheio de direitos/ Não deixe que os outros cabulem e não te tratem com respeito/ Você, senhoria, merece água, saúde, educação e muito sorriso/ Quem disser o contrário, não sabe do muito que já foi escrito!

(O Cientista Repentista, ao terminar sua apresentação agradece aos cortejos dos presentes. A família Silva se entreolha, entre feliz e surpresa - a resposta que faltara aos pais de Chico parece ter surgido como uma coincidência do Universo, em forma de repente saindo da boca daquele senhor astuto e cheio de conhecimentos para compartilhar ao mundo. O repentista volta a se dirigir ao público).

Cientista Repentista: Sou muito agradecido em tê-los por aqui/ Ouvindo a minha obra e compartilhando o meu fluir.../ Nesta vida já me vi fazendo de tudo/ Cientista, professor, cidadão/ e agora mais me descobri sendo do mundo/ Ando por aí vendo a paisagem/ E descobrindo que a vida vai além da Faculdade/ Aprendi aqui e agora o valor de um sorriso/ Fazer essa gente feliz em meio a tanta seca como paisagem! / Deixo aqui agora meu sincero obrigado/ Mas não poderia me despedir sem meu oportuno recado:/ onde já se viu essa gente sem água?!/ Por aí todo mundo já sabe que é um direito humano e precisa ser respeitado!

(Chico corre curioso para perto do Cientista Repentista, duvidoso do que tinha ouvido. Maria e João o acompanham).

Chico: Moço, você é cientista? Eu nunca pensei que nessas terras iria encontrar um doutor desses... Eu tenho que perguntar uma coisa para o senhor, por favor. Se a água é direito, por que eu e minha família estamos indo para longe das nossas terras por conta da seca?

João: Eita menino com pouca educação, não fica aí perturbando o moço. Deixa de prosa e vamos comprar as passagens para a cidade...

Maria: O senhor me desculpa a intromissão do meu filho Chico, Cientista Repentista. Ele não se contém nas ideias...

Cientista Repentista: Que menino esperto e questionador! Quer um conselho? Continue assim! Você sabia que existe um documento que diz que todo cidadão do mundo tem direitos humanos básicos? Esses direitos são assegurados como princípios mínimos para a vida humana e a água é um desses direitos. Fico triste em saber que sua família teve esse direito ferido e precisa se mudar para garantir a continuidade da vida...

(Os pais de Chico mostram tristeza em seus rostos e expressão corporal, consternação em saber que a vida deles poderia ter tido outro rumo caso tivessem esse direito básico assegurado. Mas se recuperam e mostram interesse naquelas histórias do Cientista Repentista).

João: Com o perdão da palavra, mas o senhor que é estudado sabe como fazer chegar a água aqui, se ela não há de brotar na terra ou cair do céu? Esses direitos não são para a nossa gente do sertão!

Cientista Repentista: O senhor sabia que já existe água chegando no deserto? Que já tem rio sendo transportado para melhorar a vida de mais gente? O desenvolvimento da Ciência ajuda que todos possam ter direito à água, não importa aonde esteja nesse mundão. Você e todos aqui também têm o direito às possibilidades de melhoria de vida com o uso da tecnologia, mas precisamos apoiar melhores políticos para que isso aconteça.

Maria: Eu vivi para ouvir que a água pode chegar no sertão! Lembro de quando era criança e brincava nas beiras do nosso riacho, todo mundo tinha mais vida com o verde florescendo. Mas aí tudo mudou com o tempo e acabamos sendo esquecidos, nem água suja barrenta chega até a gente...

Chico: A água barrenta não era das melhores, mas com nosso jeitinho dava para fazer as tarefas de casa e matar a sede do gado. A *"mainha"* inventou uma engenhoca para fazer a água ficar boa...

Maria: Deixa de besteira, menino! O Cientista já é estudado e já viu de tudo, não vai querer saber das nossas coisas de casa.

(O Cientista Repentista demonstra interesse em ouvir mais sobre aquele relato).

Cientista Repentista: Os senhores poderiam me explicar como funciona essa engenhoca? Não me contenho de tanta curiosidade em saber as coisas dessa terra... Como vocês faziam para melhorar a qualidade da água barrenta?

(Os quatro personagens se dirigem para a mesa que está no canto direito do palco e se sentam. Para melhor explicar como funciona a engenhoca usada por Maria, Chico se levanta e pega atrás do balcão três copos: um com água barrenta, outro com água barrenta já mais clara, com o barro depositado no fundo, e um terceiro copo, vazio. Chico traz também uma pequena mangueira de plástico e um retalho de pano branco, colocando todos esses objetos sobre a mesa, para que João demonstre o experimento da vida real para o Cientista Repentista.).

João: É muito simples essa engenhoca, meu senhor... É herança da família desde os tempos de água barrenta: primeiro você deixa essa água parada por uns tempos para que o barro "assente".

(João aponta para os dois copos com água barrenta e cobre o terceiro copo com o pano).

João continua: Depois de mais clarinha, pegamos uma mangueira e com muita calma sugamos a água da superfície – é só tomar fôlego com a boca para puxar um pouquinho de água que o restante sai sozinho...

(João suga rapidamente a água clarificada até que ela chegue à sua boca, e leva essa extremidade da mangueira, por onde começa a sair água, até o copo vazio coberto pelo pano)

João continua: ...a pontinha da mangueira a gente coloca na caixa d'água com um pano bom na borda para juntar as sujeiras que ainda restam e, por último, antes de usar, a gente ferve, para matar tudo de ruim que ainda tem por lá. Depois está pronto para usar com o gado, nas tarefas do dia e, na necessidade, até para beber.

Maria: Para beber e fazer comida chegava a pipa do governo para ajudar a gente, mas foi cortada desde que o Prefeito Zé Luiz foi preso nessas bandas... Agora não temos mais nada a recorrer, disseram que ele comprava votos e roubava o dinheiro do povo.

Chico: Eu já estou sentindo saudades de correr atrás do gado e ajudar na terra com o painho, ouvindo essas histórias...

Cientista Repentista: Vejo que vocês são grandes cientistas sem nunca ter ido a uma Universidade...

(João se mostra aborrecido, como quem acha que era ironia ser chamado de cientista, logo ele e Maria, duas pessoas nascidas e criadas pelos cantões do sertão. Percebendo o desconforto dele, o Cientista Repentista faz sua explicação).

Cientista Repentista: Deixa só te mostrar umas coisinhas, João. Quando você pegou o copo com água barrenta aqui na mesa para me mostrar como fazia na sua terra e depois de um tempo a água e o barro começaram a se separar, esse é um fenômeno que chamamos na Química de decantação. Quando você usou a mangueira para me mostrar como tirava a água, usou princípios de capilaridade. Quando usou o pano, tratou de um processo de filtração. E, por último, quando ferveu a água estava eliminando bactérias e outros microrganismos sensíveis à alta temperatura. Viu quanta coisa você já sabe, de Ciência?

Chico: Que orgulho! Pensei que para ser cientista precisava ter jaleco e ficar num laboratório. Pelo visto, painho faz Ciência e nem sabia dos seus talentos!

Maria: Eu nunca pensei que ia dizer que os hábitos dos antigos da nossa família iam ser chamados de Ciência algum dia, será que a gente sabe fazer mais coisas?

Cientista Repentista: Mas é claro que sim, Maria! O conhecimento nasce a todo instante, por isso estou aqui. Os saberes populares são maravilhosas fontes para enxergar o valor da Ciência como instrumento de transformação de uma realidade. A Química está em tudo, meus amigos. Vocês não precisam ir ao laboratório para ter a Ciência em sua vida... Cada detalhe ao seu redor é constituído por átomos formando moléculas: Tudo é Química!

Chico: Se tudo é Química... Eu também sou feito dela? Meu Deus, dizem que coisas com Química são perigosas!

João: Eita menino, deixa de falar tanta asneira...

Cientista Repentista: Sim, Chico! Você, eu e os seus pais são pura Ciência: Química, Física e Biologia!

Maria: Eita que é tanta novidade que nem sei se vou dormir hoje!

(A família Silva se despede do Cientista e vai comprar suas passagens, dirigindo-se ao guichê. Mas o Cientista Repentista vai na mesma direção, o que causa surpresa aos Silva).

João: O senhor também vai para o Rio de Janeiro[4]?! É muita alegria perceber que eu vou ter mais da sua companhia nessa estrada, senhor Cientista. Depois que terminamos nossa conversa minha cabeça ficou fervilhando de tanta informação e vontade de conhecer mais sobre as coisas da terra e da Ciência.

Cientista Repentista *(voltando-se ora para os personagens, ora para o público):* Se liga no fato que a agora vou lhe falar/ Nossa Terra tem tantos mistérios para a Ciência explorar/ Essa foi só uma mostra que eu pude lhe ensinar/ Na Química temos os processos que ajudam a separar/ A nossa querida água daquilo que não queremos/ E nessa história todo nosso sertão vai vivendo...

Chico: Eita, repente bom que só!

João: Meu coração enche de esperança ouvindo tanta coisa boa do senhor. A primeira que é possível o sertão ter água e a segunda de ter vida abundante novamente, mas na cidade grande. Imagina como deve ser abrir a torneira e não ter problemas com água... Tem gente que é feliz e não sabe.

Maria: Só de pensar em continuar minhas vendas como cozinheira meu coração enche de esperança de dias melhores para a nossa família.

Chico: Eu estou muito do ansioso para ver a minha nova escola, amigos, casa e vida!

---

4   Sugere-se usar a cidade que for mais conveniente, considerando onde será encenado

....

Cenário 2: *Ainda em cena, a própria família tira o balcão e três das cadeiras do cenário, deixando só a mesa, o banco e uma das cadeiras. Sugere-se colocar ao fundo a música "Pra não dizer que não falei das flores" de Geraldo Vandré[5].*

(Pelo lado direito, duas mulheres entram silenciosamente em cena e sentam-se no banco, fingindo conversar).

João: A primeira parada do ônibus já chegou, muito rápido! Hora de você fazer seu show para essa gente novamente!

Maria: Você já sabe o tema que vai falar dessa vez?

Chico: Conta para nós, só entre amigos!

Cientista Repentista: O melhor dessa vida de conquistar do mundo. É que não sei para aonde vou ou qual será o próximo tema. Só sei que para aonde for espero que a Arte, com Ciência, se faça plena!

(João e Chico se colocam à esquerda. O Cientista Repentista senta-se na cadeira que restou junto à mesa. Maria se dirige para o banco em que estão sentadas as duas senhoras e senta-se também, para participar da conversa).

---

5   VANDRÉ, Geraldo. *Pra não dizer que não falei das flores*, 1968 [on-line]. Disponível em https://www.letras.mus.br/geraldo-vandre/46168/.

Senhora 1: Eita seca que aperta meu coração! As roupas lá em casa já estão acumuladas esperando um milagre dos céus.

Senhora 2: E eu fico me perguntando como o dono da fazenda do vilarejo tem água todo dia, queria eu ter um baldinho de água para lavar a roupa.

Maria: Como bem falava minha falecida avó, "uns com muito e outros com tão pouco"! A gente que é pobre sofre...

(Sentado na cadeira, que está próxima, o Cientista Repentista mostra estar atento à conversa entre Maria e as duas senhoras. E se levanta, dirigindo-se ao público)

Cientista Repentista: Para contar essa história eu vou ter que ir longe/ Numa tal de Paris-França, cheio de homem importante/ Numa reunião da ONU em 1948/ um documento disse muita coisa boa para defender todo homem/ Todo mundo nasce livre/ igual em dignidade e direitos/ com espírito fraterno levado no peito/ Não importa a religião/ se é rico ou é pobre/ Se tem cara de bonito ou todo mundo foge.../ O mais importante é que igualdade/ é o que está lá, com esperança!/ E eu estou aqui para avisar/ o seu direito à vida, liberdade, segurança/ e tudo mais que se admira/ E aviso aos capangas de plantão/ Ser desumano com um humano não é digno de perdão! Justiça se faz no tribunal, deixe as suas mãos limpas/ Se preocupe em fazer o bem e melhorar a sua vida!

(Chico vem à frente, aplaude o Cientista Repentista e estimula o público)

Chico: Vamos aplaudir, meu povo! Esse daqui merece reconhecimento!

Cientista Repentista: Pera aí, meu caro Chico, ainda não terminei! / Preciso dizer mais uma coisa para meus amigos, dessa vez... / Já pensaram o porquê de ter água na fazenda, que pra lá fica, e para o povo sofrido não chega nem água de pipa? / Talvez esteja na hora de pensar mais uma vez/ que esses tais dos Direitos da ONU/ também valem para vocês!

(João se aproxima de Maria e das duas senhoras. Maria fala com ele).

Maria: Acabei de perceber que esse danado do Cientista estava ouvindo nossa conversa!

João: Ele tem razão de abrir nossos olhos, lembro que na fazenda do doutor perto da comunidade na minha terra tinha água de açude para o gado, o riacho da cidade foi desviado e aí começou nosso verdadeiro problema. O gado consume muita água e não sobra água boa para a vila...

(João dirige-se ao público, criando um momento de interatividade com a plateia)

João: Você vê a que ponto chegamos... a sede do gado se mata para alimentar o bolso do fazendeiro! E a nossa sede? Eu tenho muita ainda, mas agora mais, pelo conhecimento. E você? Tem sede de quê?

(João continua instigando o público a participar, fazendo per-guntas com palavras e expressões tais como: Tem sede de Justiça? De Água? De Paz? De Saúde? Educação? É um momento curto, seguido por uma intervenção do Cientista Repentista, que se dirige a João).

Cientista Repentista: Antes de ir embora quero deixar minha singela ajuda a essa população. Primeiro, alerto: uso responsável é mais do que necessário, desperdício de água não está com nada! E segundo, igualmente importante, vou mostrar como podemos melhorar a qualidade **água**.

*(Chico traz para a mesa os materiais necessários para fazer um filtro de areia e carvão: uma garrafa de PET **já cortada,** da qual se separou a parte do gargalo como se fosse um funil, areia fina, areia grossa, pedrinhas, carvão triturado e algodão. Traz também um copo com água a que se misturou uma colher de terra. O Cientista Repentista irá fazer a montagem do filtro, explicando o passo a passo ao público).*

Cientista Repentista: Pega uma garrafa de refrigerante boa, corta uma parte e a boca do filtro está feita *(mostra a garrafa já cortada)*. Uma camada de algodão, outra de carvão, agora é a vez da areia fina e por último a areia grossa com os pedregulhos... Jogue a água suja e veja como sai clarinha. Agora é só ferver a água filtrada, para o uso no dia a dia!

....

Intervalo (5 a 10 min)

Como sugestão, coloca-se a música "Quede água", de Carlos Rennó e Lenine,[6] durante a troca de cenário. Como são os próprios alunos/atores que fazem, diante do público, as substituições necessárias, *eles podem coreografar sua movimentação, baseados na letra da música.*

....

Cenário 3: *Ao fundo, à direita, um painel com imagens de uma cidade grande e diversa: prédios altos e uma comunidade com casas pequenas e simples, separados por um rio. À esquerda, um painel com uma casa de subúrbio, com varanda. À frente do painel, a mesinha com duas cadeiras. Na mesinha, sem muito destaque, estão cinco copos com soluções incolores* - ácidas, neutra e básicas, *ordenadas da mais ácida* à *mais básica. Um frasco conta-gotas contendo extrato de repolho roxo também está sobre a mesa.*

(A família entra em cena pelo lado direito, juntamente com o Cientista Repentista, movimentando-se como quem se admira com tudo o que vê).

Chico: Painho, eu não acredito que no que estou vendo... Estamos já na nossa terra prometida, Rio de Janeiro!

Maria: É tanta emoção que não acredito que este dia chegou! Olha só quanta coisa bonita e quanto desenvolvimento por aqui... Essas pessoas não devem nem saber o que é a falta d'água.

---

6   RENNÓ, Carlos; LENINE. *Quede água.* 2015 [on-line]. Disponível em https://www.letras.mus.br/lenine/quede-agua/.

João: Vamos ver no que dá! Vem com a gente, seu Cientista, vamos pra casa que nosso compadre João alugou!

Cientista Repentista: Vamos todos a Duque de Caxias!

Chico: Que ansiedade em conhecer minha nova casa, minha nova terra cheia de sonhos prometidos.

Maria: Olha quanta água nos entornos desse lugar, tantos rios e nascentes que mais parecem não acabar. Aliás *(usando um tom crítico)*, pena que temos muita poluição por aqui. Imagina se essas águas fossem limpas, quantas alegrias dariam a essa população.

João *(decepcionado)*: Enquanto nossa terra está castigada pela água não conseguir chegar, aqui vejo o contrário, a água está castigada de tanta gente para usar. Olha só quanta indústria ao redor desse riozão, cemitério do lado de uma baía e esgoto se esvaindo por toda a região.

Cientista Repentista: Pelo visto aqui também as águas andam castigadas, e o povo esqueceu da sua importância. A fome pelo dinheiro mais uma vez levando **à** ignorância...

Maria: Finalmente chegamos na nossa casinha. "Tô" tão feliz! Que novos recomeços surjam todos os dias na nossa vida! Vamos pegar a chave com o dono da casa, "seu" Luiz, o mais rápido possível.

(O Senhor Luiz entra, pela esquerda)

Sr. Luiz: Oi, meus novos inquilinos! Bom dia! Fico feliz em alugar minha humilde casa para vocês nessa nova vida. Antes de começar, preciso dar um aviso importante para a família: estamos com falta de água...

João: Como é que pode ser possível?!! Viemos de tão longe e parece que a falta de água nos persegue feito sombra!

Cientista Repentista: Mas o que aconteceu, para ter esse tipo de problema?

Sr. Luiz: Aqui é Baixada Fluminense, meu senhor! Apesar de ter muita água ao nosso redor, a distribuição é só para alguns, não é para todos. A gente paga a taxa de água só para manter o registro, pois água mesmo só uma vez por semana. Tem que ficar acordado a noite toda para encher todas as caixas, galões e baldes. Aqui a solução é estocar, pois nunca sabemos qual será o próximo dia com água do cano.

Chico: Cadê a água como direito dos humanos?

Maria: Pelo menos a gente tem alguma água apesar do acesso limitado. E se faltar a água que chega da rua, como faz o senhor?

Sr. Luiz: Aí temos duas opções: captar a água da chuva ou então usar a água do poço que a gente tem aqui. O problema é que tenho medo de fazer mal à saúde...

Cientista Repentista: Fiquem tranquilos que vamos nos ajudar nesse processo. Mãos à obra! Para começar, precisamos criar uma forma limpa de captação da água de chuva. Vamos colocar uma calha com um cano até os galões de água. Podemos até usar um paninho no final da calha para reter as partículas indesejadas maiores...

João: E depois, o que a gente faz?

Cientista Repentista: Depois a água passará pelo primeiro processo de tratamento que é o uso do filtro. Essa etapa garantirá a remoção de mais impurezas e uma água mais limpa para o consumo. Por último, vamos ferver por pelo menos cinco minutos para acabar com boa parte das bactérias. Tá aí, água pronta para o consumo!

Maria: Mas será que tudo isso é confiável? Sei não, hein...

Cientista Repentista: Para que a gente não tenha dúvidas, vamos adicionar 16 gotas de hipoclorito de sódio para cada vinte litros de água - água sanitária, sabe? O cloro é muito eficaz na eliminação de microrganismos patógenos, que são os que causam doenças, e tem ajudado muito as populações em situação vulnerável ao longo da vida.

Chico: Mas não tem perigo essa água vinda desse céu com tanta poluição?

Cientista Repentista: De fato! A água de chuva antes de ser tratada não está potável, própria para consumo, devido à presença de substâncias contaminantes na atmosfera. Quando há a queima de combustíveis dos carros, por exemplo, são liberadas substâncias tóxicas ao meio ambiente. A questão é tratar a água da chuva antes do seu consumo. Esse processo, feito de forma apropriada, é seguro sim.

Maria: Meu Deus, que maravilha! Serei eternamente grata por tanto conhecimento que aprendi nesse pouco tempo de convivência. Está vendo, Chico? Estudar abre um novo mundo, que é incrível!

João: Certo, entendi como funciona. Mas e como tratar a água do poço do "seu" Luiz? Já vi que vai ser difícil!

Cientista Repentista: O ponto crucial é fazer um processo de desinfecção de todo o poço antes de iniciar o uso da água, devemos lavar as paredes com hipoclorito de sódio, por exemplo. Em seguida, um dos principais problemas da água de poço é a possibilidade de ferro em água e, para isso, podemos usar ar comprimido[7] para retirar a água do poço, e deixar cair em um reservatório... Se a água estiver com o pH baixo, sinal de que está ácida, então temos que neutralizar, colocado uma base. Esse procedimento é necessário para transformar o ferro em óxido férrico, uma substância insolúvel que, portanto, precipita no fundo do reservatório.

Chico: Mas só isso já é suficiente? E como eu vejo o pH da água para ter certeza de que está tudo bem?

Cientista Repentista: Muito bom, Chico! Vou te ensinar a ajudar os seus pais e fazer a aferição de pH da água.

---

7   Processo disponível em: https://www.lenntech.com.pt/processos/ferro-manganes/remocao-ferro.htm. Acesso em 07 de março de 2019.

João: Mas que raios são esses de pH, homem? Passei a vida toda sem saber o que é isso e estou vivo...

Cientista Repentista: Pois é, eu te entendo, mas vou explicar o que é: trata-se de uma escala numérica usada na Química para especificar se uma solução é ácida ou básica. É bem simples de consultar o pH de qualquer substância que está ao nosso redor usando os indicadores naturais ácido--base. Chico, vem **cá que irei te ensinar como funciona**!

Chico: É hoje que irei ser cientista por um dia e explodir tuuuuuudo!

Cientista Repentista: Você será um aprendiz de cientista sim, mas sem explosões. Presta atenção: os indicadores ácido--base são substâncias que mudam de cor quando colocadas em contato com um ácido ou uma base. Eu vou te ensinar uma receita bem simples com repolho roxo para você fazer em casa: primeiro bate ¼ do repolho roxo com um litro de água no liquidificador, depois peneira e coa e então o extrato produzido está pronto para uso.

João: E como é que podemos usar esse extrato para saber o pH?

(João vai até a mesinha e pega o extrato pronto que está no frasco conta-gotas, olhando com curiosidade para os copos que foram previamente preparados com substâncias incolores que variam em pH, do mais ácido ao mais básico. O Cientista fala enquanto pinga extrato de repolho roxo nos copos, ilustrando o que diz apontando para as soluções que, agora, vão ficando coloridas).

Cientista Repentista: Você irá pegar uma amostra da sua água da chuva e comparar com a coloração formada. Temos aqui uma escala de cores para você comparar e saber se a água está boa para consumo. Espera-se que seu pH esteja neutro ou, no máximo, levemente ácido.

Maria: Essa tal de Química é danada de boa mesmo! Em tanto tempo em minha vida nunca vivi de forma tão intensa a Ciência, pensei que não fosse coisa para uma sertaneja sem estudos, mas vi que está mais presente do que se imagina no nosso cotidiano e nos ajuda a viver melhor.

Chico: Mãe, fique tranquila que eu hei de dar muito orgulho para a senhora sendo um cientista nesse mundão. E quero usar os meus conhecimentos durante a vida para ensinar a quem ainda não sabe que temos direto a condições melhores de vida.

Cientista Repentista: Fico feliz em despertar tantos sentimentos bons e ajudar na vida da sua família. Que todo mundo possa usufruir de condições dignas de vida respeitando os Direitos Humanos e se reconheçam como sujeitos com muitos direitos. Ver tanta transformação assim me faz ser um cidadão mais esperançoso nesse mundo!

(João se volta para o público, para encerrar)

João: E que essa sabedoria toda não fique só para nós! Vamos espalhar esse conhecimento por todo mundo, por aí! A Ciência é nossa, por direito!

(Os atores acenam para o público, despedindo-se, e deixam o palco. Sugestão: Usar música "A vida do viajante", de Hervé Cordovil e Luiz Gonzaga[8], durante os agradecimentos e aplausos).

Fim.

---

8   CORDOVIL, Hervé; GONZAGA, Luiz. *A vida do viajante*. 1981 [on-line]. Disponível em https://www.letras.mus.br/luiz-gonzaga/82381/.

Considerações finais

A experiência de participar do processo coletivo de elaboração de um esquete teatral como parte do desenvolvimento do currículo de Química no Ensino Médio proporcionou a todos nós, que a vivenciamos, uma significativa mudança de percepção dos processos de aprendizagem. Olhar para os resultados obtidos, para todo o amadurecimento dos estudantes que participaram da proposta de ensino com que os envolvemos, nos anima a convidar você, professor(a) da Educação Básica, a se permitir a criação de elos e a promoção da criatividade, o entendimento e o reconhecimento de novas possibilidades na abordagem de conhecimentos químicos de forma reflexiva e integrada com a realidade dos alunos.

Esta sugestão de percurso pedagógico e de elaboração de um roteiro teatral sob a perspectiva dos Direitos Humanos teve a intenção de associar os conteúdos de Química e o cotidiano escolar aos contextos sociais, culturais, geográficos, científicos e históricos, visando o desenvolvimento integral dos educandos enquanto sujeitos de direitos. Um caminho reflexivo de criação que se mostrou extremamente recompensador na medida em que foi possível conhecer melhor os educandos, criar e fortalecer afetos, aprender sobre a profissão docente com o exercício constante e energético de criatividade através da Arte e reafirmar a importância da formação de uma consciência política e social como parte do fazer educativo.

A oficina temática e o esquete teatral representaram uma atividade de grande importância para a sala de aula e para o desenvolvimento de novas competências e habilidades pelos estudantes, exercitando a expressão da própria realidade com base na reflexão de vida de outros sujeitos, emancipação da sua postura e empoderamento de seus direitos enquanto cidadãos. O teatro, na Escola, mostrou-se como uma forma de legitimar as expressões de cada estudante enquanto ser humano, estabelecendo relações afetivas e efetivas no ambiente escolar. A percepção de cada questão discutida através do roteiro e da encenação foi decisiva para um processo significativo de construção de empatias, aprimorando as relações sociais dos estudantes em sala de aula e, por consequência, na sociedade em que vivem.

Esperamos com esse relato ter estimulado o desejo e a confiança que poderão levar você, professor(a), a conquistar uma sala de aula voltada para a formação de cidadãos, de sujeitos que questionem, entendam e busquem os seus direitos do mesmo modo que reconheçam e assumam os seus deveres de cidadania, e que possam utilizar soluções científicas na procura por melhores condições de vida, sobretudo no enfrentamento de situações que evidenciem vulnerabilidades.

E aos divulgadores de ciência, àqueles que se dedicam a democratizar o acesso ao conhecimento científico, pessoas conscientes de suas ações como iniciativas que visam também a garantia dos direitos humanos, afirmamos nossa expectativa em ver a obra dos alunos a quem devemos esse texto levada à cena. Seria uma alegria para nós.

Referências bibliográficas

CANDAU, Vera Maria Ferrão. Educação em Direitos Humanos: desafios atuais. In: SILVEIRA, Rosa Maria Godoy; DIAS, Adelaide Alves; FERREIRA, Lúcia de Fátima Guerra; FEITOSA, Maria Luíza Pereira de Alencar Mayer; ZENAIDE, Maria de Nazaré Tavares (Orgs.). *Educação em Direitos Humanos*: fundamentos teórico-metodológicos. João Pessoa: Editora Universitária – Universidade Federal da Paraíba, 2007, p. 399-412.

_____; RUSSO, Kelly. Interculturalidade e educação na América Latina: uma construção plural, original e complexa. *Revista Diálogo Educacional*, São Paulo, v.10, n.29, p.151-169, jan., 2010.

CHINELLI, Maura Ventura; PEREIRA, Grazielle Rodrigues; FERREIRA, Marcus Vinícius da Silva; AGUIAR, Luiz Edmundo Vargas de. Teatro de comédia: uma parceria Ciência e Arte para a divulgação e a popularização da Química. In: CONGRESO INTERNACIONAL DIDÁCTICAS

DE LAS CIENCIAS, VII, 2012, La Habana, Cuba. *Anais*. Ministerio de Educación de la República de Cuba.

FREIRE, Paulo. *Pedagogia do oprimido*. Rio de Janeiro: Paz e Terra, 1974.

GONÇALVES, Natália Kneipp Ribeiro. *A "didática" nas peças didáticas de Bertolt Brecht:* ensino em cena. Araraquara/SP, 2016. 342 f. Tese (Doutorado em Educação Escolar) - Universidade Estadual Paulista "Júlio de Mesquita Filho", Araraquara/SP, 2016

HERNÁNDEZ, Fernando; VENTURA, Monserrat. *A organização do currículo por projetos de trabalho:* O conhecimento é um caleidoscópio. Porto Alegre: ARTMED, 1998.

MONTENEGRO, Betânia; FREITAS, Ana Lucia Ponte; MAGALHÃES, Pedro Jorge Caldas; SANTOS, Armênio Aguar dos Santos; VALE, Marcus Raimundo. O papel do teatro na divulgação científica: a experiência da Seara da Ciência. *Ciência e Cultura*. São Paulo, v. 57, n. 4. 2005.

MOREIRA, Leonado Maciel; MARANDINO, Martha. Teatro de temática científica: conceituação, conflitos, papel pedagógico e contexto brasileiro. *Ciência & Educação*, v. 21, p. 511-523, 2015.

SANTOS, Wildson Luiz Pereira dos. Educação científica na perspectiva de letramento como prática social: funções, princípios e desafios. *Revista Brasileira de Educação*. v. 12 n. 36, p. 474-492, set/dez 2007.

As autoras

Vanessa Silva de Oliveira é Mestra em Ensino de Ciências da Natureza e Licenciada em Química. Atualmente atua na área de tecnologia em automação. Em sua trajetória profissional atuou por quase uma década como professora da Educação Básica - no Ensino Fundamental e Ensino Médio - em Escolas das redes federal, estadual e privada de Educação, lecionando Química e Física.

Maura Ventura Chinelli é Doutora em Ciências, Mestre em Educação, Licenciada e Bacharel em Química. Atualmente Docente da Universidade Federal Fluminense, leciona na Licenciatura em Química e no Mestrado em Ensino de Ciências da Natureza. Em sua trajetória profissional atuou também no Ensino Fundamental, no Ensino Médio e na Formação Técnica Profissional de Nível Médio, tendo colaborado com o Espaço Ciência Interativa, do Instituto Federal de Educação, Ciência e Tecnologia do Rio de Janeiro.